BEI GRIN MACHT SICH IHR WISSEN BEZAHLT

- Wir veröffentlichen Ihre Hausarbeit, Bachelor- und Masterarbeit

- Ihr eigenes eBook und Buch - weltweit in allen wichtigen Shops

- Verdienen Sie an jedem Verkauf

Jetzt bei www.GRIN.com hochladen und kostenlos publizieren

Bibliografische Information der Deutschen Nationalbibliothek:

Die Deutsche Bibliothek verzeichnet diese Publikation in der Deutschen Nationalbibliografie; detaillierte bibliografische Daten sind im Internet über http://dnb.d-nb.de/ abrufbar.

Dieses Werk sowie alle darin enthaltenen einzelnen Beiträge und Abbildungen sind urheberrechtlich geschützt. Jede Verwertung, die nicht ausdrücklich vom Urheberrechtsschutz zugelassen ist, bedarf der vorherigen Zustimmung des Verlages. Das gilt insbesondere für Vervielfältigungen, Bearbeitungen, Übersetzungen, Mikroverfilmungen, Auswertungen durch Datenbanken und für die Einspeicherung und Verarbeitung in elektronische Systeme. Alle Rechte, auch die des auszugsweisen Nachdrucks, der fotomechanischen Wiedergabe (einschließlich Mikrokopie) sowie der Auswertung durch Datenbanken oder ähnliche Einrichtungen, vorbehalten.

Impressum:

Copyright © 2018 GRIN Verlag
Druck und Bindung: Books on Demand GmbH, Norderstedt Germany
ISBN: 9783668835108

Dieses Buch bei GRIN:

https://www.grin.com/document/446346

Sevim Toker

Erstellung eines Boxplotdiagramms anhand eines alltagsnahen Kontextes "Körpergröße" in arbeitsteiliger Gruppenarbeit mit anschließender Präsentation

GRIN Verlag

GRIN - Your knowledge has value

Der GRIN Verlag publiziert seit 1998 wissenschaftliche Arbeiten von Studenten, Hochschullehrern und anderen Akademikern als eBook und gedrucktes Buch. Die Verlagswebsite www.grin.com ist die ideale Plattform zur Veröffentlichung von Hausarbeiten, Abschlussarbeiten, wissenschaftlichen Aufsätzen, Dissertationen und Fachbüchern.

Besuchen Sie uns im Internet:

http://www.grin.com/

http://www.facebook.com/grincom

http://www.twitter.com/grin_com

	Schriftliche Planung
	zum
	1. Unterrichtsbesuch im Fach Mathematik

Lehramtsanwärter/in: Sevim Toker

Lerngruppengröße: 23

Thema der Unterrichtsreihe:	Erfassung, Darstellung und Interpretation von Daten
Thema der Unterrichtsstunde:	Alles auf einen Blick - Wie groß sind Mädchen, wie groß sind Jungen? Erstellung eines Boxplotdiagramms anhand eines alltagsnahen Kontextes „Körpergröße" in arbeitsteiliger Gruppenarbeit mit anschließender Präsentation

1. Einbettung der Stunde in die Sequenz

Std.	Thema der Stunde	Schwerpunktziel der Stunde (mit Verweis auf Kompetenzen)
1.	Was sind Daten? – Freizeitverhalten von Mädchen und Jungen	Aktivierung von Vorwissens SuS lesen und interpretieren statistische Darstellungen
2.	Wie alt seid ihr? Eigene Daten erheben und mithilfe von Strichlisten und Häufigkeitstabellen auswerten	SuS erheben Daten und fassen sie in Ur- und Strichlisten zusammen SuS bestimmen relative und absolute Häufigkeiten
3.	Besondere Werte einer Datenreihe – Erarbeitung und Bestimmung der Kennwerte	SuS erheben statistische Daten und werten sie aus SuS bestimmen Mittelwerte (Median) und Streumaße (Spannweite, Quartil) und interpretieren diese
4.	Alles auf einen Blick - Wie groß seid ihr? Sinnvolle Veranschaulichung der Kennwerte – Erstellung eines Boxplot-Diagramms anhand einer Befragung „Wie groß sind Mädchen, wie groß sind Jungen? in arbeitsteiliger Gruppenarbeit mit anschließender Präsentation	Anwendung des Gelernten: SuS erheben statistische Daten und werten sie aus SuS bestimmen Mittelwerte (Median) und Streumaße (Spannweite, Quartil) und interpretieren diese SuS nutzen Median, Spannweite und Quartile zur Darstellung von Häufigkeitsverteilungen als **Boxplots**
5.	Vergleich von Boxplots zu einer Befragung zur Länge des Schulwegs	Übung und Vertiefung des Gelernten

2. Ziele der Stunde

2.1 Schwerpunktziel

Mit der heutigen Stunde sollen SuS schwerpunktmäßig ihre Fähigkeiten im inhaltsbezogenen Kompetenzbereich der **Stochastik – Erfassung, Darstellung und Interpretation von Daten** (KLP S.16, 26) erweitern, indem sie anhand eines alltagsnahen Kontextes „Körpergröße" statistische Kennwerte ermitteln und diese in arbeitsteiliger Gruppenarbeit in Form eines Boxplotdiagramms darstellen und präsentieren (KLP S. 22 Argumentieren/Kommunizieren).

2.2 Teilziele (Stufen des Kompetenzaufbaus der Unterrichtsstunde)

Die Schülerinnen und Schüler

(1) Aktivieren bzw. strukturieren ihr Vorwissen zu statistischen Kennwerten und Diagrammen, indem sie die Notwendigkeit von statistischen Kennwerten und die Darstellung mithilfe von Diagrammen erkennen und beschreiben

(2) Ermitteln die statistischen Kennwerte, indem sie aus einer Urliste eine Rangliste erstellen und Minimum, Maximum, Quartil und Median rechnerisch und durch abzählen bestimmen

(3) können den Aufbau und die Konstruktion eines im Plenum besprochenen Boxplots beschreiben, indem sie einzelne Kennwerte identifizieren benennen

(4) können einen Boxplot grafisch darstellen, indem sie ermittelte Kennwerte (Minimum, Maximum, Quartile und Median) zur Darstellung von Häufigkeitsverteilungen als Boxplot nutzen und in die graphische Darstellung korrekt überführen

(5) präsentieren und erläutern ihre Lösungswege, indem sie ihre Arbeitsschritte mit eigenen Worten und geeigneten Fachbegriffen darstellen

(6) deuten und vergleichen die Kennwerte von Datenreihen, indem sie erste Ideen zur Interpretation eines Boxplots entwickeln

3. Kompetenzen

3.1 Inhaltsbezogene Kompetenzen (vgl. KLP S. 22, 26)

Stochastik – mit Daten und Zufall arbeiten	
Schülerinnen und Schüler	
Erheben	erheben Daten und fassen sie in Ur- und Strichlisten zusammen
Darstellen	nutzen Median, Spannweite und Quartile zur Darstellung von Häufigkeitsverteilungen als Boxplots
Auswerten	bestimmen Median
Beurteilen	interpretieren Spannweite und Quartile statistischen Darstellungen

3.2 Prozessbezogene Kompetenzen (vgl. KLP S. 22ff)

Argumentieren/Kommunizieren – kommunizieren, präsentieren und argumentieren	
Schülerinnen und Schüler	
Lesen	Ziehen Informationen aus einfachen mathematikhaltigen Darstellungen
Verbalisieren	Erläutern die Arbeitsschritte bei mathematischen

	Kommunizieren	Verfahren (Konstruktionen) mit eigenen Worten und geeigneten Fachbegriffen
		vergleichen und bewerten Lösungswege, Argumentationen und Darstellungen
	Präsentieren	Präsentieren Lösungswege in kurzen, vorbereiteten Beiträgen
	Begründen	nutzen mathematisches Wissen für Begründungen, *auch in mehrschrittigen Argumentationen*

Modellieren – Modelle erstellen und nutzen	
Schülerinnen und Schüler	
Mathematisieren	übersetzen Situationen aus Sachaufgaben in mathematische Modelle (Terme, Figuren, Diagramme)

Werkzeuge – Medien und Werkzeuge verwenden	
Schülerinnen und Schüler	
Darstellen	nutzen Präsentationsmedien (z. B. Folie, Plakat, Tafel)
Konstruieren	nutzen Lineal, Geodreieck und Zirkel zum Messen und genauen Zeichnen

4. Lernausgangslage im Hinblick auf die konkrete Stunde

	Feststellung/Ausprägung	Konsequenzen für die Unterrichtsstunde
organisatorische, allgemeine und soziale Rahmenbedingungen	- Die Klasse XX besteht insgesamt aus 23 Schülerinnen und Schülern. Es gibt 9 Jungen und 14 Mädchen - Klassengemeinschaft bereits gut entwickelt, relativ gutes Klassenklima - in der Regel angenehme Lernatmosphäre - Klassenraum der XX groß geschnitten, maxie Ausnutzung des Raumes: Tische stehen einzeln in fünf Reihen, hintereinander bis an die hintere Wand - frontale Ausrichtung - mediale Ausstattung: zwei Wandtafeln, Tageslichtprojektor	- Wenn alle SuS vollzählig da sind, wird es in der GA zwei Fünfergruppen und drei Vierergruppen geben - die erwartete Konzentration der SuS ist hoch - Ein schnelles Herstellen von Gruppentischen ist jederzeit möglich - für die Gruppenarbeit werden in der 1. Unterrichtsstunde Gruppentische gebildet
fachliche Voraussetzungen	- heterogenes Leistungsniveau - teilweise Entwicklungsbedarf einiger Schüler in den Lernbereichen des Mathematikunterrichts - im Unterricht: hohe Motivation und Interesse für die Inhalte des Faches Mathe vorhanden - mit den statistischen Kennwerten und ihrer Ermittlung sind die meisten SuS vertraut, verschiedene Diagrammtypen sind bekannt (außer Boxplot)	- Für die Gruppenarbeit werden homogene Gruppen gebildet, damit sich SuS gegenseitig unterstützen können - Binnendifferenzierende Maßnahme: leistungsstarke SuS unterstützen ihre Mitschüler in den kooperativen Phasen - Differenzierung durch den Einsatz von Hilfskarten - Reaktivierung/Wiederholung der statistischen Kennwerte im Plenum - L bietet besonders während der Erarbeitungsphase II Hilfestellung - konstante Mitarbeit - Auf die bekannten statistischen Kennwerte kann bei der anstehenden Aufgabe zurückgegriffen werden
methodische, mediale, sprachliche, soziale und personale Kompetenzen	- Meldekette eingeübt - Die Sozialform Gruppenarbeit ist für die Schüler alltäglich, dennoch läuft die Organisation nicht zügig - sehr aufgeweckte, lebhafte Klasse - kommunikativ und mitteilungsbedürftig, altersadäquates Ausdrucksvermögen - Rituale: bei Begrüßung stehen alle auf → Fokussierung der Aufmerksamkeit und Konzentration - Beenden von Arbeitsphasen und Fokussierung der Aufmerksamkeit durch Klangstab	- wichtig für die Phasen Einstieg und Sicherung - Einteilung der Gruppen durch die Lehrkraft
SuS mit besonderem Förderbedarf	- F. und D. haben Förderschwerpunkt Sprache	- Werden bei mathematischen Inhalten zielgleich unterrichtet; sprachlich differenzierende Maßnahmen erforderlich: AB mit kurzen Erläuterungen, sprachlich reduziert, einfaches Schriftbild, Hervorhebung wichtiger Begriffe (Anhang 1)

	- M., S. und E. haben Förderschwerpunkt LE	- M. und E. werden bei mathematischen Inhalten bei dem Thema „Daten erheben und auswerten" zielgleich unterrichtet S. wird bei dem Thema „Daten erheben und auswerten" zielgleich unterrichtet, zeigt jedoch kaum Beteiligung und Interesse, keine Integration bei Gruppenarbeiten, bei unzureichendem Arbeitsverhalten arbeitet sie in ihrem Förderheft

5. Literatur

Ministerium für Schule (2004): Kernlehrplan für die Gesamtschule – Sekundarstufe I in Nordrhein-Westfalen – Mathematik. Ritterbach Verlag GmbH, Frechen.

6. Anhang

Arbeitsblätter
Plakat
Hilfskarten

7. Stundenverlaufsplan

Phase (mit Zeitangabe)	Handlungsschritte (mit Methoden und Sozialformen)	Kompetenzerwartungen		Medien / Material
		Lernziele	Kompetenzen	
Begrüßung 8.50 – 8.55 Uhr	Lehrer begrüßt die SuS und den Gast und teilt ihnen Ziel und Ablauf der anstehenden Mathematikstunde mit. *Frontal*			Tafel
Einstieg und Hinführung 8.55 – 9.00 Uhr	L. stellt gezielte Fragen: 1. Welche Werte bzw. mathematischen Begriffe sind wichtig, wenn wir Datenreihen miteinander vergleichen möchten? • *SuS nennen Kennwerte, die sie kennengelernt haben (Minimum, Maximum, Median und arithmetisches Mittel)* 2. L. leitet die Notwendigkeit eines Diagramms her: Wie/Womit kann man sich einen schnellen Überblick über Daten verschaffen und Daten veranschaulichen? • *SuS nennen die graphische Darstellung mithilfe von Diagrammen (eventuell mit Beispielen für Diagrammarten)* 3. L. leitet die Notwendigkeit eines neuen Diagrammtyps her: Boxplotdiagramm *Angeleitetes Unterrichtsgespräch*	TZ 1		
Erarbeitungsphase I 9.00 – 9.10 Uhr	Besprechung des Boxplots im Plenum (Aufbau und Konstruktion) • *SuS beschreiben und deuten die Kennwerte des Boxplotdiagramms* L. nimmt Bezug zu den HA der letzten Stunde, dass das Messen der Körpergröße beinhaltet und formuliert den Arbeitsauftrag (s. AB) → Überleitung GA *Angeleitetes Unterrichtsgespräch*	TZ 3		Plakat mit Boxplot (Anhang 3) AB (Anhang 2)
Erarbeitungsphase II	SuS gehen in die *arbeitsteilige Gruppenarbeitsphase* SuS bearbeiten in Gruppen die Aufgabe, welche das Bestimmen der Kennwerte	TZ 2, 3, 4		Plakate, Edding,

9.10 – 9.25	und das Zeichnen des Boxplots beinhaltet Bei Schwierigkeiten mit der Aufgabe holen sie sich die helfenden Lösungshinweise. Bei Fragen steht die L. den SuS während dieser Zeit zur Verfügung		Lösungshinweise (Anhang 4)
Präsentation und Sicherung 9.25 – 9.35	Präsentation der Ergebnisse Entwicklung erster Ideen zum Vergleich von Boxplotdiagrammen Die Stunde wird von der Lehrkraft mit Ausblick auf die kommende Stunde beendet *Unterrichtsgespräch*	TZ 5, 6	Tafel Plakate

Anhang 1

Alles auf einen Blick –

Wir vergleichen die Körpergröße von Mädchen und Jungen unserer Klasse!

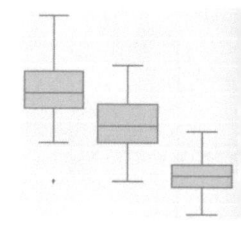

Ermittelt besondere Werte eurer Datenreihe

1. Tragt eure Daten hier ein (Urliste):

2. Sortiert die Daten aus der Urliste der Größe nach (→Rangliste:)

3. Bestimmt das Maximum (den größten Wert):

4. Bestimme das Minimum (den kleinsten Wert):

5. Bestimme den Median (Zentralwert)

6. Bestimme das untere Quartil (nochmal den Median zwischen Minimum und Median bilden)

7. Bestimme das obere Quartil (nochmal den Median zwischen Maximum und Median bilden)

Zeichnet nun gemeinsam das zugehörige Boxplotdiagramm zu euren Daten!

Anhang 2   **Alles auf einen Blick –**

Wir vergleichen die Körpergröße von Mädchen und Jungen unserer Klasse!

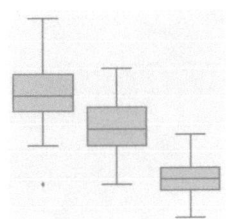

Ermittelt besondere Werte eurer Datenreihe

1. Tragt eure Daten hier ein (Urliste):

2. Sortiert die Daten aus der Urliste der Größe nach (→Rangliste:)

3. Berechnet nun die Kennwerte:

Minimum	Maximum	Median	Unteres Quartil	Oberes Quartil

4. **Zeichne**t nun gemeinsam das zugehörige Boxplotdiagramm zu euren Daten!

Anhang 3

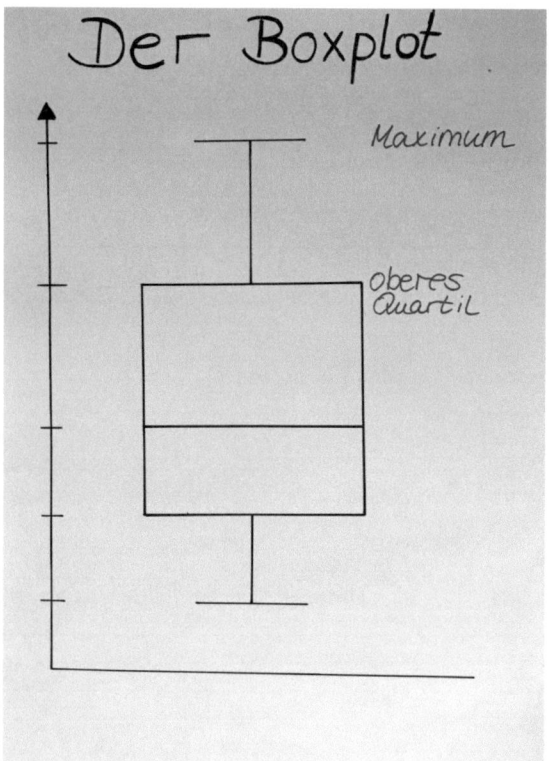

Anhang 4 Hilfskarten

1. Sortiere als erstes deine Daten der Größe nach (Urliste → Rangliste)

2. Bestimme nun das Minimum, also den kleinisten Wert in der sortierten Liste, und dann das Maximum, also den größten Wert in deiner sortierten Liste

3. Bestimme den Median, also den Zentralwert, indem du immer einen Wert links und einen Wert rechts streichst. In der Mitte ist dein Zentralwert.

Bei gerader Anzahl an Daten: ~~1~~ ~~2~~ 3 ~~4~~ ~~5~~ → Median=3

Bei ungerader Anzahl an Daten: ~~1~~ ~~2~~ 3 4 ~~5~~ ~~6~~ → (3+4):2= 3,5 → Median=3,5

4. Bestimme das untere Quartil:

Bestimme nochmal den Median zwischen deinem ursprünglichen Median und deinem Minimum

z.B. ~~1~~ ~~2~~ 3 4 ~~5~~   Der Median zwischen 3, 4, 5 ist 4

5. Zeichne nun den zugehörigen Boxplot. Trage alle berechneten Werte in das Koordinatensystem an!

BEI GRIN MACHT SICH IHR WISSEN BEZAHLT

- Wir veröffentlichen Ihre Hausarbeit, Bachelor- und Masterarbeit

- Ihr eigenes eBook und Buch - weltweit in allen wichtigen Shops

- Verdienen Sie an jedem Verkauf

Jetzt bei www.GRIN.com hochladen und kostenlos publizieren